LA VITA E I TEMPI DI WILLIAM ANDERS:

Un ex ufficiale militare, ingegnere, astronauta e imprenditore degli Stati Uniti.

Di

RHETT A. SADLER

Tutti i contenuti di questa pubblicazione sono tutelati dalle leggi sul copyright. È severamente vietato riprodurre, distribuire o trasmettere qualsiasi parte di quest'opera in qualsiasi forma o con qualsiasi mezzo senza previa autorizzazione scritta da parte dell'editore. Questo divieto include ma non è limitato alla fotocopiatura, alla registrazione o all'utilizzo di altri metodi elettronici o meccanici. Tuttavia, brevi citazioni possono essere utilizzate in recensioni critiche o per determinati scopi non commerciali consentiti dalla legge sul copyright. Qualsiasi utilizzo o riproduzione non autorizzata costituisce una violazione dei diritti del detentore del copyright.

Diritto d'autore© Rhett A. Sadler, 2024.

Sommario

introduzione.. 7
  Incontro con William Anders...................... 7
  Primi anni di vita e background............... 7
  Ispirazioni e aspirazioni........................ 9
  Uno sguardo alla sua personalità............ 11

Capitolo 1: Primi anni............................ **14**
  Infanzia a Hong Kong............................. 14
    Nascita e primi anni........................... 14
    Famiglia ed educazione....................... 16
    Trasferirsi negli Stati Uniti.................. 18

Capitolo 2: Istruzione e Accademia Navale. 22
  Viaggio all'Accademia Navale degli Stati Uniti... 22
    Attività accademiche.......................... 22
    Addestramento navale e risultati........... 24

Laureato nel 1955.................................26

Capitolo 3: Diventare un pilota.................... 29

Guadagnare ali da pilota........................29

Commissione dell'aeronautica americana.. 29

Formazione e primi voli........................ 30

Esperienza come pilota da caccia........... 33

Capitolo 4: Carriera nell'aeronautica...........38

Servizio in California e Islanda................... 38

Squadroni di intercettazione per tutte le stagioni................. 38

Ruoli e responsabilità............................ 40

Missioni e voli notevoli........................ 42

Capitolo 5: Laboratorio di armi dell'aeronautica..................................47

Innovazioni e contributi........................ 47

Gestione della schermatura dei reattori

nucleari..47

Programmi sugli effetti delle radiazioni. 49

Impatto sulla tecnologia militare...........52

Capitolo 6: Unirsi alla NASA........................ 55

Selezione come astronauta........................... 55

Il processo rigoroso................................ 55

Addestramento per missioni spaziali.......58

Diventare un astronauta della NASA nel 1964...62

Capitolo 7: Missione Gemini 11......................66

Ruolo pilota di riserva................................ 66

Preparativi per Gemelli 11........................66

Apprendimenti ed esperienze chiave......68

Approfondimenti dalla missione.............. 70

Capitolo 8: Missione Apollo 8........................72

Prima orbita lunare.................................... 72

Pianificazione e obiettivi........................72

Il volo storico del dicembre 1968............73

Anders nel ruolo del pilota del modulo lunare....................75

Capitolo 9: Foto di Earthrise........................77

Catturare la storia......................... 77

Il momento dell'ispirazione................... 77

L'immagine iconica........................ 78

Impatto ed eredità di "Earthrise"............ 79

Capitolo 10: Riflessioni sulla Terra...............81

Rendersi conto della fragilità della Terra.... 81

Approfondimenti dallo spazio............... 81

Citazioni e riflessioni........................... 82

Impatto globale dell'immagine............... 84

Capitolo 11: Riconoscimenti e premi............ 86

Uomini dell'anno 1968................... 86

Onore alla rivista Time....................... 86

Altri premi e riconoscimenti.................. 87

Risposta del pubblico e dei media 88

Capitolo 12: Carriera post-NASA 90

Consiglio Nazionale dell'Aeronautica e dello Spazio 90

Ruolo di segretario esecutivo 90

Contributi e risultati 91

Impatto sulla politica e sull'esplorazione spaziale 93

Capitolo 13: Commissione di regolamentazione nucleare 95

Alla guida dell'NRC 95

Nomina da parte del presidente Gerald Ford 95

Focus sulla sicurezza nucleare 96

Risultati e sfide 97

Capitolo 14: Anni successivi e vita personale... 100

Famiglia e interessi personali 100

Matrimonio con Valeria 100

Allevare due figlie e quattro figli 101

Hobby e passioni 101

Capitolo 15: Volo finale 103

L'incidente aereo 103

Dettagli dell'incidente 103

Sforzi di salvataggio e recupero 104

Riflessioni e tributi della famiglia 105

Conclusione 108

Eredità di William Anders 108

Impatto duraturo sull'esplorazione spaziale 108

Ricordando i suoi contributi 109

Lezioni per le generazioni future 110

introduzione

Incontro con William Anders

Primi anni di vita e background

William Anders è nato il 17 ottobre 1933 a Hong Kong. I suoi primi anni sono stati plasmati dai viaggi e dalle esperienze della sua famiglia in diversi paesi. Suo padre, Arthur Anders, lavorava per una grande compagnia petrolifera, il che significava che la famiglia si trasferiva spesso. Questo costante cambiamento ha esposto il giovane William a varie culture e ambienti, favorendo un senso di avventura e curiosità.

Quando William aveva sei anni, la sua famiglia tornò negli Stati Uniti. Si stabilirono in California, dove William si adattò rapidamente al nuovo ambiente. Ha frequentato le scuole locali e ha mostrato un precoce interesse per la scienza e la tecnologia. La sua passione per aeroplani e razzi iniziò a crescere, influenzato dagli entusiasmanti sviluppi dell'aviazione e dell'esplorazione spaziale durante gli anni Quaranta e Cinquanta.

La famiglia di William ha svolto un ruolo significativo nella sua educazione. I suoi genitori lo hanno incoraggiato a perseguire i suoi interessi e i suoi sogni. Gli hanno fornito libri, giocattoli e modellini legati all'aviazione, alimentando la sua passione per il volo. Le storie di suo padre sulle sue esperienze e sui suoi viaggi hanno ispirato

William a sognare in grande ed esplorare l'ignoto.

Ispirazioni e aspirazioni

Le aspirazioni di William di diventare un pilota e un astronauta furono alimentate dai suoi primi interessi e dagli eventi mondiali che si svolgevano intorno a lui. Le conquiste dei primi aviatori e l'emergente corsa allo spazio tra gli Stati Uniti e l'Unione Sovietica affascinarono la sua immaginazione. È stato particolarmente ispirato dal coraggio e dalle capacità dei piloti collaudatori e degli astronauti che stavano spingendo i limiti delle capacità umane.

Uno dei suoi eroi era Charles Lindbergh, il famoso aviatore che effettuò il primo volo senza scalo in solitaria attraverso l'Oceano Atlantico. L'audacia e la determinazione di Lindbergh hanno risuonato con il giovane William, rafforzando il suo desiderio di volare. Il lancio dello Sputnik da parte dell'Unione Sovietica nel 1957 e i successivi progressi nella tecnologia spaziale accesero ulteriormente la sua passione per l'esplorazione spaziale.

Il percorso accademico di William è stato caratterizzato dall'eccellenza e da una chiara focalizzazione sui suoi obiettivi. Ha frequentato la Grossmont High School di La Mesa, in California, dove eccelleva in matematica e scienze. La sua dedizione agli studi gli valse un posto presso la prestigiosa Accademia navale degli Stati Uniti ad Annapolis, nel Maryland.

All'Accademia Navale le aspirazioni di William cominciarono a prendere forma in modo più concreto. Si è laureato in ingegneria elettrica, un campo strettamente correlato ai suoi interessi per l'aviazione e la tecnologia spaziale. Il suo periodo all'accademia è stato caratterizzato da una formazione rigorosa, disciplina e sviluppo di capacità di leadership. Si laureò nel 1955, pronto a fare il passo successivo verso i suoi sogni.

Uno sguardo alla sua personalità

William Anders era noto per il suo comportamento calmo, la sua intelligenza e la sua incrollabile determinazione. Affrontava le sfide con una mentalità metodica e analitica, cercando sempre di comprendere e risolvere i problemi. I suoi colleghi e amici lo descrivono spesso come concentrato e motivato, ma allo stesso tempo disponibile e di buon cuore.

Nonostante la sua seria dedizione alla carriera e agli studi, William aveva una personalità calda e coinvolgente. Gli piaceva condividere le sue conoscenze ed esperienze con gli altri, spesso ispirando coloro che lo circondavano a perseguire i propri obiettivi con la stessa passione e impegno. La sua capacità di rimanere composto sotto pressione era uno dei suoi tratti distintivi, rendendolo un candidato ideale per l'impegnativo ruolo di astronauta.

La curiosità di William andava oltre i suoi interessi professionali. Apprezzava profondamente la natura e l'ambiente e spesso trascorreva il suo tempo libero esplorando la vita all'aria aperta. L'escursionismo, la pesca e il campeggio erano alcune delle sue attività preferite, che gli permettevano di rilassarsi e connettersi con il mondo naturale. Questo amore per la natura si sarebbe poi riflesso nelle sue profonde riflessioni sulla fragilità e bellezza della Terra durante le sue missioni spaziali.

La sua vita familiare era una pietra angolare della sua identità. William sposò la sua fidanzata del liceo, Valerie, e insieme costruirono una casa amorevole e solidale. Avevano due figlie e quattro figli, creando una famiglia unita che condivideva le sue avventure e i suoi successi. Il sostegno incrollabile e la comprensione di Valerie sono stati determinanti nell'aiutare William a bilanciare la sua impegnativa carriera con le sue responsabilità di marito e padre.

Capitolo 1: Primi anni

Infanzia a Hong Kong

Nascita e primi anni

William Anders è nato il 17 ottobre 1933 a Hong Kong. I suoi primi anni di vita furono segnati dalla vivace energia di questa vibrante città. Hong Kong, con le sue strade trafficate, gli alti edifici e i mercati colorati, era un posto entusiasmante per un ragazzino. I primi anni di William furono pieni delle immagini e dei suoni di una città che sembrava non dormire mai.

Il padre di William, Arthur Anders, lavorava per una compagnia petrolifera e il suo lavoro richiedeva che la famiglia vivesse in diverse parti del mondo. Ciò significava che i primi anni di William furono trascorsi in un ambiente diversificato e multiculturale. La casa della famiglia a Hong Kong era un piccolo appartamento in un quartiere trafficato. Nonostante lo spazio limitato, l'infanzia di William è stata piena di avventure ed esplorazioni.

Da ragazzo, William era curioso di tutto ciò che lo circondava. Amava fare domande e conoscere cose nuove. I suoi genitori hanno incoraggiato la sua curiosità fornendogli libri e giocattoli che stimolassero la sua immaginazione. I giocattoli preferiti di William erano modellini di aeroplani e razzi, con cui passava ore a giocare, sognando di volare alto nel cielo.

Famiglia ed educazione

La famiglia di William era unita e solidale. Suo padre, Arthur, era un uomo laborioso che credeva nell'importanza dell'istruzione e della disciplina. Condivideva spesso storie sulle sue avventure e sui suoi viaggi, che ispiravano William a sognare in grande. L'etica lavorativa e la dedizione di Arthur hanno lasciato un'impressione duratura su William, insegnandogli il valore della perseveranza e della determinazione.

La madre di William, Evelyn Anders, è stata una presenza amorevole e premurosa nella sua vita. Era sempre lì per sostenerlo, sia aiutandolo con i compiti che ascoltando i suoi sogni di volare. La gentilezza e l'incoraggiamento di Evelyn hanno contribuito a plasmare il carattere di William, rendendolo un individuo compassionevole e premuroso.

La famiglia Anders apprezzava molto l'istruzione. Credevano che una buona istruzione fosse la chiave per un futuro di successo. William ha frequentato una scuola locale a Hong Kong, dove eccelleva negli studi. I suoi insegnanti notarono il suo vivo interesse per le scienze e la matematica, materie che avrebbero poi avuto un ruolo cruciale nella sua carriera di astronauta.

Nonostante gli impegni lavorativi del padre, la famiglia si assicurava di trascorrere del tempo di qualità insieme. Facevano spesso viaggi per esplorare la campagna intorno a Hong Kong, godendosi la natura e la reciproca compagnia. Queste gite di famiglia erano fonte di gioia e ispirazione per William, alimentando il suo amore per l'avventura e l'esplorazione.

Trasferirsi negli Stati Uniti

Quando William aveva sei anni, la famiglia Anders tornò negli Stati Uniti. Questa mossa ha segnato un cambiamento significativo nella vita di William. Si stabilirono in California, uno stato noto per il clima soleggiato e i paesaggi diversi. Il passaggio dalle trafficate strade di Hong Kong agli ampi spazi aperti della California è stato allo stesso tempo emozionante e stimolante per il giovane William.

In California, la famiglia Anders comprò una casa in un tranquillo quartiere suburbano. William si adattò rapidamente al nuovo ambiente, fece amicizia con i bambini del posto ed esplorò i parchi e i campi da gioco della sua zona. Era particolarmente affascinato dagli aerei che volavano sopra di lui, uno spettacolo che gli ricordava il suo sogno di diventare pilota.

La nuova scuola di William in California gli ha fornito maggiori opportunità di perseguire i suoi interessi. Si unì al club scientifico della scuola e trascorse innumerevoli ore a leggere libri sull'aviazione e sull'esplorazione spaziale. I suoi insegnanti hanno continuato a coltivare il suo talento, riconoscendo il suo potenziale per ottenere grandi cose.

Il trasferimento negli Stati Uniti ha portato anche nuove sfide per William. Ha dovuto adattarsi a una cultura diversa e fare nuove amicizie. Tuttavia, la sua natura amichevole e il desiderio di apprendere lo hanno aiutato a superare questi ostacoli. Le esperienze di William a Hong Kong gli avevano insegnato ad essere adattabile e di mentalità aperta, qualità che gli furono utili nella sua nuova casa.

A casa, la famiglia di William ha continuato a sostenere le sue ambizioni. Suo padre costruì una piccola officina nel loro garage, dove William poteva armeggiare con i suoi modellini di aeroplani e razzi. Questa esperienza pratica ha approfondito la sua comprensione di come funzionavano le cose e ha suscitato il suo interesse per l'ingegneria.

La madre di William rimase una fonte costante di sostegno e incoraggiamento. Si sedeva spesso con lui mentre lavorava ai suoi progetti, offrendogli consigli e lodi. La sua fiducia nelle sue capacità diede a William la sicurezza necessaria per perseguire i suoi sogni, non importa quanto ambiziosi sembrassero.

Il trasferimento in California ha anche permesso alla famiglia Anders di riconnettersi con la propria famiglia allargata. A William piaceva passare il tempo con i suoi nonni, zie, zii e cugini. Queste riunioni di famiglia erano piene di risate e storie, creando ricordi indelebili per William.

Capitolo 2: Istruzione e Accademia Navale

Viaggio all'Accademia Navale degli Stati Uniti

Attività accademiche

Il percorso accademico di William Anders iniziò sul serio quando entrò al liceo. Il suo forte interesse per la scienza e la matematica continuò a crescere ed eccelleva in queste materie. Insegnanti e compagni di classe hanno riconosciuto la sua intelligenza e curiosità. Spesso trascorreva ore dopo la scuola a leggere di aeroplani, razzi e spazio, spinto dal sogno di volare ed esplorare l'ignoto.

Dopo il liceo, William mise gli occhi sull'Accademia navale degli Stati Uniti. L'Accademia Navale, con sede ad Annapolis, nel Maryland, è una delle istituzioni più prestigiose del paese. È noto per aver prodotto leader militari di prim'ordine e essere accettato è stato un risultato significativo.

Per prepararsi al rigoroso processo di ammissione, William ha lavorato duramente per mantenere voti eccellenti. Ha anche partecipato ad attività extrascolastiche, che hanno messo in mostra le sue capacità di leadership e dedizione. La sua perseveranza fu ripagata e fu accettato all'Accademia Navale. Questo è stato un enorme passo avanti verso la realizzazione dei suoi sogni.

Addestramento navale e risultati

La vita all'Accademia Navale era impegnativa ma gratificante per William. L'allenamento è stato duro, sia mentalmente che fisicamente. I cadetti dovevano seguire regole rigide e mantenere standard elevati in tutti gli aspetti della loro vita. Questo ambiente è stato progettato per costruire disciplina, leadership e un forte senso del dovere.

William si adattò rapidamente al programma rigoroso. Le sue giornate iniziavano presto con l'allenamento fisico, seguito da lezioni e periodi di studio. Il curriculum era impegnativo e copriva materie come ingegneria, scienze navali e leadership. William si è laureato in ingegneria elettrica, che si allineava perfettamente con il suo interesse per l'aviazione e la tecnologia spaziale.

Nonostante l'intenso carico di lavoro, William prosperò all'Accademia. La sua naturale curiosità e l'amore per l'apprendimento lo hanno aiutato a eccellere nei suoi studi. Trascorse innumerevoli ore in biblioteca, studiando attentamente libri di testo e riviste. Il suo duro lavoro non è passato inosservato. Sia i professori che i colleghi ammiravano la sua dedizione e intelligenza.

Uno degli aspetti più impegnativi dell'Accademia Navale era l'allenamento fisico. I cadetti dovevano essere nelle migliori condizioni fisiche per soddisfare le esigenze dei loro futuri ruoli di ufficiali di marina. William ha partecipato a vari sport e attività fisiche per sviluppare forza e resistenza. Questo allenamento non solo lo ha preparato per la sua futura carriera, ma gli ha anche instillato l'importanza della forma fisica e della resilienza.

Le capacità di leadership di William fiorirono anche all'Accademia. Ha assunto vari ruoli di leadership, dove ha imparato a guidare e motivare gli altri. Queste esperienze sono state preziose, insegnandogli come prendere decisioni sotto pressione e guidare una squadra in modo efficace. I suoi coetanei lo rispettavano per il suo comportamento calmo e la capacità di rimanere concentrato in situazioni difficili.

Laureato nel 1955

La laurea presso l'Accademia navale degli Stati Uniti è stata un'occasione importante per William. Nel 1955, dopo quattro anni di formazione e studio rigorosi, si trovava orgogliosamente tra i suoi colleghi laureati. La cerimonia ha segnato il culmine di anni di duro lavoro e dedizione. È stata una giornata piena di orgoglio e gioia, non solo per William, ma anche per la sua famiglia e i suoi amici che lo avevano sostenuto lungo il percorso.

Quando ricevette il diploma e l'incarico, William provò un profondo senso di realizzazione. Aveva superato numerose sfide e raggiunto una pietra miliare significativa nel suo viaggio. La sua formazione presso l'Accademia Navale gli aveva fornito le conoscenze, le abilità e la disciplina necessarie per avere successo nei suoi sforzi futuri.

Il diploma dell'Accademia segnò anche l'inizio della carriera di William come ufficiale di marina. Ora era pronto ad affrontare nuove sfide e responsabilità. La sua formazione lo aveva preparato per i compiti impegnativi che lo attendevano ed era ansioso di applicare ciò che aveva imparato.

Il viaggio di William all'Accademia navale degli Stati Uniti e il tempo trascorso lì furono cruciali nel plasmare il suo futuro. L'Accademia gli ha fornito solide basi in ambito accademico, leadership e forma fisica. Ha anche instillato in lui i valori dell'onore, del coraggio e dell'impegno. Queste qualità gli sarebbero utili nei suoi futuri ruoli di pilota e astronauta.

Capitolo 3: Diventare un pilota

Guadagnare ali da pilota

Commissione dell'aeronautica americana

Dopo essersi diplomato all'Accademia navale degli Stati Uniti nel 1955, William Anders fece il successivo passo cruciale nella sua carriera. Ha ricevuto il suo incarico nell'aeronautica degli Stati Uniti. Questa è stata una pietra miliare significativa, poiché ha segnato l'inizio del suo viaggio per diventare un pilota. La commissione significava che William era ora un sottotenente, pronto a servire il suo paese nell'aeronautica.

William era entusiasta di iniziare il suo addestramento al volo. Aveva sempre sognato di volare e ora era sulla buona strada per trasformare quel sogno in realtà. L'Aeronautica Militare ha fornito un programma di addestramento strutturato e rigoroso progettato per prepararlo alle sfide del pilotaggio di aerei militari.

Formazione e primi voli

L'addestramento da pilota di William iniziò con la scuola a terra. Qui apprese le basi dell'aviazione, comprese l'aerodinamica, la navigazione e i sistemi aeronautici. Gli istruttori erano piloti esperti che condividevano le loro conoscenze e competenze con i tirocinanti. William studiò intensamente, assorbendo tutte le informazioni che poteva. Sapeva che comprendere la teoria era essenziale per diventare un pilota esperto.

Poi è arrivata la fase di addestramento al volo, che era la parte che William stava aspettando con impazienza. I suoi primi voli furono su piccoli aerei monomotore. Questi primi voli furono allo stesso tempo entusiasmanti e stimolanti. William doveva padroneggiare i fondamenti del volo, come decolli, atterraggi e manovre di base. Gli istruttori erano severi ed esigevano precisione, ma fornivano anche preziosi consigli e supporto.

Man mano che William progrediva, passò ad una formazione più avanzata. Ha imparato a pilotare aerei plurimotore e ha praticato manovre più complesse. Ogni passo comportava nuove sfide, ma William era determinato ad avere successo. Ha trascorso innumerevoli ore nella cabina di pilotaggio, affinando le sue capacità e rafforzando la sua sicurezza.

Uno degli aspetti più critici della formazione di William è stato imparare a gestire le emergenze. Gli istruttori hanno simulato varie emergenze in volo, come guasti al motore e malfunzionamento degli strumenti. William doveva mantenere la calma e seguire le procedure che aveva imparato. Questi esercizi erano intensi, ma lo preparavano a gestire le situazioni della vita reale con compostezza e abilità.

Dopo mesi di rigorosi allenamenti, finalmente è arrivato il grande giorno. A William era stato programmato il giro di controllo, un test completo che avrebbe determinato se era pronto a guadagnarsi le ali da pilota. Il giro di controllo includeva una valutazione approfondita delle sue abilità di volo, conoscenze e capacità decisionali. William si è comportato bene, dimostrando la sua competenza e sicurezza come pilota.

Quando completò con successo il giro di controllo, William ricevette le sue ali da pilota. Questo è stato un momento orgoglioso per lui. Guadagnarsi le ali significava che ora era un pilota qualificato, pronto ad assumersi le responsabilità e le sfide del volo per l'Air Force. Era un sogno diventato realtà e William sentiva un profondo senso di realizzazione.

Esperienza come pilota da caccia

Con le sue ali da pilota, William Anders iniziò la sua carriera come pilota di caccia. Fu assegnato a uno squadrone di intercettori per tutte le stagioni, dove avrebbe pilotato caccia a reazione progettati per difendersi dagli aerei nemici. Questo ruolo richiedeva rapidità di pensiero, precisione e un alto livello di abilità.

Le prime esperienze di William come pilota di caccia furono entusiasmanti. Ha volato con aerei a reazione avanzati, come l'F-89 Scorpion e l'F-101 Voodoo. Questi aerei erano veloci e potenti, capaci di raggiungere velocità e altitudini elevate. Volarli è stato sia impegnativo che esaltante.

L'addestramento per i piloti da caccia è stato intenso. William ha partecipato ad esercitazioni che simulavano scenari di combattimento. Ha praticato combattimenti aerei, manovre aeree e missioni di intercettazione. Questi esercizi erano pensati per prepararlo ad ogni situazione che avrebbe potuto incontrare in un combattimento reale. William imparò a localizzare e ingaggiare gli aerei nemici, utilizzando gli avanzati sistemi radar e d'arma dell'aereo.

Uno degli aspetti chiave dell'addestramento di William è stato imparare a volare in tutte le condizioni atmosferiche. Come pilota di intercettore per tutte le stagioni, doveva essere in grado di operare in condizioni di pioggia, neve, nebbia e altre condizioni difficili. Ciò richiedeva eccellenti capacità di volo strumentale e la capacità di rimanere calmi e concentrati sotto pressione. L'addestramento di William prevedeva il volo notturno e in condizioni di scarsa visibilità, scenari particolarmente impegnativi.

Lo squadrone di William era di stanza in varie località, comprese le basi in California e Islanda. Ogni luogo ha presentato le proprie sfide ed esperienze uniche. In California si addestrò ampiamente e partecipò a numerose missioni ed esercitazioni. Il tempo era generalmente favorevole, il che ha consentito un elevato volume di ore di volo e un addestramento intensivo.

In Islanda le condizioni erano molto più dure. Il clima era spesso freddo e imprevedibile, con frequenti temporali e forti venti. Volare in tali condizioni ha messo alla prova le capacità e la resilienza di William. Tuttavia, ha accettato la sfida e l'ha usata come un'opportunità per diventare un pilota ancora migliore. L'esperienza di volo in ambienti diversi lo ha reso adattabile e versatile.

Durante il suo periodo come pilota da caccia, William ha accumulato molte ore di volo e ha acquisito una preziosa esperienza. Ha partecipato a varie missioni, tra cui l'intercettazione di aerei sconosciuti e la conduzione di pattuglie. Ogni missione richiedeva precisione e lavoro di squadra. William ha lavorato a stretto contatto con altri piloti, personale di terra e operatori radar per garantire il successo di ogni operazione.

Le esperienze di William come pilota di caccia gli hanno insegnato molte lezioni importanti. Ha imparato il valore della preparazione, della disciplina e del lavoro di squadra. Ha anche sviluppato la capacità di prendere decisioni rapide sotto pressione, un'abilità che gli sarebbe stata utile nei suoi sforzi futuri.

Capitolo 4: Carriera nell'aeronautica

Servizio in California e Islanda

Squadroni di intercettazione per tutte le stagioni

Dopo aver conseguito il brevetto di pilota, William Anders fu assegnato a prestare servizio negli squadroni di intercettazione per tutte le stagioni. Questi squadroni avevano l'importante compito di difendere gli Stati Uniti da potenziali attacchi aerei. Erano sempre pronti a intercettare e identificare aerei sconosciuti, garantendo la sicurezza dello spazio aereo del Paese.

Il primo incarico di William fu in California. Lo stato soleggiato ha fornito uno sfondo perfetto per allenamenti approfonditi ed esercizi di preparazione. Faceva parte di uno squadrone che pilotava caccia a reazione avanzati, progettati per operare in qualsiasi condizione atmosferica, di giorno e di notte. Questi aerei erano dotati di sofisticati sistemi radar e d'arma, che consentivano ai piloti di tracciare e ingaggiare bersagli anche in condizioni di scarsa visibilità.

In California, William si allenò rigorosamente con il suo squadrone. I piloti si sono esercitati in vari scenari, tra cui l'intercettazione di bombardieri nemici e il coinvolgimento in combattimenti aerei. Questi esercizi erano essenziali per mantenere un elevato livello di preparazione. L'obiettivo era essere preparati per qualsiasi situazione, sia che si trattasse di identificare un aereo civile randagio o di affrontare una potenziale minaccia.

Ruoli e responsabilità

William ha avuto molti ruoli e responsabilità come pilota di caccia nell'Air Force. Il suo compito principale era quello di essere sempre pronto per una risposta rapida. Ciò significava che doveva mantenersi fisicamente in forma, affinare le sue abilità di volo ed essere informato sulle ultime tecnologie e tattiche.

Una delle sue responsabilità principali era partecipare a regolari missioni di addestramento. Queste missioni hanno aiutato lui e i suoi compagni piloti a mantenere la loro competenza. Si sono esercitati a volare in diverse condizioni meteorologiche, a navigare utilizzando strumenti e a coordinarsi con il controllo a terra e altri velivoli. Ogni missione è stata progettata per simulare scenari del mondo reale, garantendo che i piloti fossero ben preparati per qualsiasi situazione.

William doveva anche rimanere aggiornato sugli ultimi sviluppi della tecnologia aeronautica. L'Air Force aggiornava costantemente le proprie attrezzature e i piloti dovevano acquisire familiarità con nuovi sistemi e armi. Ciò ha richiesto studio e formazione continui. William ha partecipato a briefing e sessioni di formazione per conoscere nuovi sistemi radar, aiuti alla navigazione e tecnologia missilistica.

Un'altra importante responsabilità era quella di lavorare a stretto contatto con i suoi compagni di squadriglia. Volare come parte di una squadra richiedeva comunicazione e coordinamento eccellenti. William ha imparato a fidarsi dei suoi compagni piloti e a supportarli durante le missioni. Hanno sviluppato legami forti, sapendo che le loro vite dipendevano dalle capacità e dalle decisioni reciproche.

Missioni e voli notevoli

Durante il suo servizio in California, William partecipò a molte missioni e voli importanti.

Una missione memorabile prevedeva l'intercettazione di un aereo non identificato che era entrato nello spazio aereo limitato. William e il suo gregario furono chiamati a indagare. Localizzarono rapidamente l'aereo e stabilirono che si trattava di un aereo civile che aveva perso la rotta. Dopo averlo guidato in sicurezza fuori dallo spazio aereo limitato, William è tornato alla base, dimostrando l'importanza della vigilanza e della risposta rapida.

Un'altra esperienza significativa è stata la partecipazione ad esercitazioni di formazione su larga scala. Questi esercizi hanno coinvolto più squadroni e simulato scenari di combattimento complessi. William ha dovuto navigare in ambienti difficili, evitare il fuoco nemico simulato e completare gli obiettivi della sua missione. Questi esercizi hanno messo alla prova le sue capacità e lo hanno preparato a potenziali conflitti nel mondo reale.

Dopo aver prestato servizio in California, William fu trasferito in Islanda. Il trasferimento in Islanda ha presentato una nuova serie di sfide. Il tempo era spesso rigido, con forti venti, neve e nebbia. Volare in tali condizioni richiedeva abilità e concentrazione eccezionali. William ha dovuto adattarsi rapidamente, imparando a navigare e a utilizzare il suo aereo in condizioni meteorologiche estreme.

In Islanda, William continuò a prestare servizio in uno squadrone di intercettazione per tutte le stagioni. La posizione strategica dell'Islanda ha fatto sì che lo squadrone svolgesse un ruolo cruciale nel monitoraggio del Nord Atlantico. Erano responsabili dell'intercettazione e dell'identificazione degli aerei che si avvicinavano da nord, garantendo che nessun aereo non autorizzato entrasse nello spazio aereo alleato.

Una delle missioni più importanti in Islanda prevedeva il monitoraggio di un gruppo di bombardieri sovietici. Durante la Guerra Fredda, le tensioni tra Stati Uniti e Unione Sovietica erano elevate. William e il suo squadrone erano spesso in massima allerta, pronti a rispondere a qualsiasi potenziale minaccia. In questa particolare missione, hanno rilevato i bombardieri sul radar e sono stati fatti decollare per intercettarli.

William volò a fianco degli attentatori, monitorandone i movimenti e assicurandosi che non rappresentassero una minaccia. La missione è stata tesa, ma si è conclusa senza incidenti, dimostrando l'importanza del loro ruolo nel mantenimento della sicurezza nazionale.

L'esperienza in Islanda è stata preziosa per William. Le difficili condizioni meteorologiche e l'importanza strategica della regione hanno affinato le sue capacità e approfondito la sua comprensione delle operazioni di difesa aerea. Si guadagnò la reputazione di pilota abile e affidabile, rispettato sia dai suoi colleghi che dai superiori.

Durante il suo servizio in California e Islanda, William ha accumulato molte ore di volo e ha acquisito una vasta esperienza. Ha volato su vari tipi di aerei, ciascuno con le proprie capacità e sfide uniche. Questa esperienza diversificata ha ampliato le sue conoscenze e lo ha preparato per i passi successivi della sua carriera.

Capitolo 5: Laboratorio di armi dell'aeronautica

Innovazioni e contributi

Gestione della schermatura dei reattori nucleari

Dopo aver acquisito una preziosa esperienza come pilota di caccia, William Anders è passato a un nuovo ruolo presso l'Air Force Weapons Laboratory nel New Mexico. Qui si è concentrato sulla gestione della schermatura del reattore nucleare. Questo lavoro è stato fondamentale perché ha garantito la sicurezza dei reattori utilizzati nelle applicazioni militari e spaziali.

I reattori nucleari producono molte radiazioni, che possono essere dannose. La schermatura aiuta a proteggere le persone e le apparecchiature da queste radiazioni. Il compito di William era assicurarsi che la schermatura fosse efficace. Ha lavorato con un team di scienziati e ingegneri per progettare e testare materiali in grado di bloccare o assorbire le radiazioni.

Il processo di sviluppo di una schermatura efficace ha comportato molte ricerche e sperimentazioni. William e il suo team hanno dovuto comprendere i diversi tipi di radiazioni e il modo in cui interagiscono con i vari materiali. Hanno condotto esperimenti per vedere quali materiali fornissero la migliore protezione.

Il lavoro di William sulla schermatura dei reattori fu molto importante per la sicurezza del personale militare e l'efficacia delle operazioni militari. Una schermatura efficace ha fatto sì che le apparecchiature a propulsione nucleare potessero essere utilizzate in modo più sicuro e affidabile. Ciò, a sua volta, ha permesso all'esercito di sfruttare i vantaggi unici dell'energia nucleare, come forniture energetiche di lunga durata e potenti sistemi di propulsione.

Programmi sugli effetti delle radiazioni

Oltre al suo lavoro sulla schermatura, William gestì anche programmi incentrati sulla comprensione degli effetti delle radiazioni. Le radiazioni possono causare danni sia agli organismi viventi che alle apparecchiature elettroniche. Comprendere questi effetti è stato fondamentale per lo sviluppo di tecnologie in grado di resistere alle radiazioni e per proteggere la salute del personale militare.

Uno dei compiti di William era studiare come diversi livelli e tipi di radiazioni influenzassero vari materiali e componenti elettronici. Questa ricerca è stata essenziale per progettare apparecchiature in grado di funzionare in ambienti ad alta radiazione, come quelli che si trovano nello spazio o vicino ai reattori nucleari.

William e il suo team hanno condotto esperimenti per vedere come le radiazioni influenzavano i diversi materiali. Hanno esposto questi materiali a quantità controllate di radiazioni e hanno osservato i risultati. Queste informazioni li hanno aiutati a capire quali materiali fossero più resistenti alle radiazioni e come migliorare la durata dei componenti elettronici.

Un altro aspetto importante del lavoro di William fu lo studio degli effetti delle radiazioni sulla salute umana. Ha lavorato con esperti medici per capire come l'esposizione alle radiazioni ha influenzato il corpo. Questa ricerca ha contribuito a sviluppare protocolli di sicurezza e misure protettive per il personale militare che lavorava con o in prossimità di materiali radioattivi.

I contributi di William ai programmi sugli effetti delle radiazioni furono significativi. Il suo lavoro ha contribuito a garantire che le attrezzature militari potessero funzionare in modo affidabile in ambienti difficili e che il personale fosse protetto dagli effetti dannosi delle radiazioni. Questa ricerca ha avuto anche implicazioni più ampie, contribuendo alla sicurezza e all'efficacia dell'energia nucleare civile e dei programmi di esplorazione spaziale.

Impatto sulla tecnologia militare

Il lavoro di William Anders presso l'Air Force Weapons Laboratory ha avuto un profondo impatto sulla tecnologia militare. Le innovazioni e i contributi da lui apportati nei settori della schermatura dei reattori nucleari e della ricerca sugli effetti delle radiazioni hanno svolto un ruolo cruciale nel progresso delle capacità militari.

Uno degli impatti più significativi del lavoro di William fu il miglioramento delle apparecchiature a propulsione nucleare. Una schermatura efficace ha consentito ai militari di utilizzare in sicurezza i reattori nucleari per varie applicazioni, come l'alimentazione di sottomarini e veicoli spaziali. Ciò ha fornito ai militari fonti energetiche affidabili e di lunga durata, migliorando le capacità operative.

La ricerca sugli effetti delle radiazioni ha avuto un impatto diretto anche sullo sviluppo di componenti elettronici più durevoli e affidabili. Comprendendo il modo in cui le radiazioni influenzavano questi componenti, gli ingegneri potevano progettare sistemi più resistenti ai danni da radiazioni. Ciò era particolarmente importante per le missioni spaziali, in cui le apparecchiature dovevano operare in ambienti ad alta radiazione.

Il lavoro di William ha contribuito anche alla sicurezza del personale militare. I protocolli e le misure protettive sviluppati attraverso la sua ricerca hanno contribuito a ridurre al minimo i rischi associati all'esposizione alle radiazioni. Ciò garantiva che il personale potesse svolgere i propri compiti senza compromettere la propria salute.

Capitolo 6: Unirsi alla NASA

Selezione come astronauta

Il processo rigoroso

Nel 1964, William Anders fece un passo significativo nella sua carriera facendo domanda per diventare un astronauta della NASA. Il processo di selezione è stato estremamente duro, progettato per trovare i migliori candidati per le impegnative missioni future. Molte persone sognavano di diventare astronauti, ma solo pochi ce l'avrebbero fatta.

Per cominciare, i candidati dovevano soddisfare rigorose qualifiche. Avevano bisogno di un background in scienze o ingegneria, eccellente salute fisica ed esperienza nel pilotaggio di aerei ad alte prestazioni. La formazione di William presso l'Accademia navale degli Stati Uniti e la sua vasta esperienza come pilota di caccia lo hanno reso un forte candidato.

La prima fase del processo di selezione prevedeva un esame dettagliato del background e dei risultati ottenuti da ciascun candidato. La NASA cercava persone con una comprovata esperienza di eccellenza, capacità di risoluzione dei problemi e capacità di lavorare sotto pressione. La carriera di successo di William nell'aeronautica militare e il suo lavoro presso l'Air Force Weapons Laboratory hanno messo in mostra queste qualità.

Poi sono seguiti una serie di test fisici e psicologici. Questi test sono stati progettati per garantire che i candidati potessero gestire le esigenze fisiche dei viaggi spaziali e lo stress di vivere in uno spazio ristretto per periodi prolungati. William è stato sottoposto a visite mediche approfondite, test di idoneità e valutazioni psicologiche. Ha dovuto dimostrare la sua capacità di rimanere calmo e concentrato in situazioni stressanti.

Dopo aver superato queste prove iniziali, William ha affrontato una serie di colloqui. Queste interviste sono state condotte da alti funzionari della NASA e astronauti esperti. Hanno posto domande approfondite per valutare la sua motivazione, le capacità di lavoro di squadra e l'impegno per la missione. Le risposte di William riflettevano la sua dedizione e passione per l'esplorazione spaziale.

Alla fine, dopo mesi di rigorosa valutazione, William ricevette la notizia che sperava. È stato selezionato come uno dei nuovi astronauti della NASA. Questo è stato un momento di immenso orgoglio ed eccitazione. Diventare un astronauta è stato un sogno diventato realtà, ma era solo l'inizio di un viaggio nuovo e stimolante.

Addestramento per missioni spaziali

Una volta selezionato, William iniziò un programma di addestramento intensivo progettato per prepararlo alle missioni spaziali. La formazione è stata completa ed impegnativa e ha coperto ogni aspetto del viaggio spaziale. William ha dovuto padroneggiare nuove abilità e conoscenze, spingendosi verso nuovi limiti.

La formazione è iniziata con la conoscenza del veicolo spaziale e dei suoi sistemi. William passava ore a studiare i manuali tecnici, capendo come funzionava ogni componente. Doveva conoscere il veicolo spaziale dentro e fuori, poiché gli astronauti dovevano essere in grado di risolvere eventuali problemi che potevano sorgere durante una missione.

I simulatori hanno svolto un ruolo cruciale nel programma di formazione. Questi dispositivi replicavano le condizioni del volo spaziale, consentendo agli astronauti di provare diversi scenari. William ha trascorso innumerevoli ore nei simulatori, esercitandosi in decolli, atterraggi e procedure di emergenza. I simulatori lo hanno aiutato a sviluppare le capacità e la sicurezza necessarie per le missioni spaziali reali.

La forma fisica è stato un altro aspetto importante dell'allenamento. Gli astronauti dovevano essere in condizioni fisiche ottimali per gestire le esigenze dei viaggi spaziali. William ha seguito un rigoroso regime di esercizi, che includeva allenamento per la forza, allenamenti cardiovascolari ed esercizi di flessibilità. Ha anche praticato l'addestramento subacqueo per simulare l'ambiente a gravità zero dello spazio.

Il lavoro di squadra è stato una componente chiave del programma di formazione. Gli astronauti dovevano lavorare a stretto contatto tra loro e con il controllo della missione sulla Terra. William ha partecipato ad esercizi e simulazioni di team building che enfatizzavano la comunicazione, la cooperazione e la risoluzione dei problemi. Questi esercizi hanno contribuito a creare fiducia e cameratismo tra gli astronauti.

William ha anche ricevuto una formazione sulle abilità di sopravvivenza. In caso di atterraggio di emergenza in un'area remota, gli astronauti dovevano sapere come sopravvivere fino all'arrivo delle squadre di soccorso. William ha imparato abilità come costruire rifugi, trovare cibo e acqua e somministrare i primi soccorsi.

Una delle parti più entusiasmanti dell'addestramento è stata imparare a utilizzare le tute spaziali. Queste tute erano essenziali per le passeggiate spaziali, proteggendo gli astronauti dalle dure condizioni dello spazio. William si è esercitato a indossare e togliere la tuta, a muoversi con essa e a utilizzare gli strumenti necessari per le passeggiate spaziali. Questo allenamento si è svolto in un grande serbatoio d'acqua, che simulava l'assenza di gravità dello spazio.

Diventare un astronauta della NASA nel 1964

Nel 1964, dopo aver completato il rigoroso programma di addestramento, William

Anders divenne ufficialmente un astronauta della NASA. Questo è stato un risultato significativo, che ha segnato il culmine di anni di duro lavoro, dedizione e perseveranza.

Come nuovo astronauta, William si unì a un gruppo selezionato di individui che erano in prima linea nell'esplorazione spaziale. I primi anni '60 furono un periodo entusiasmante per la NASA, con piani ambiziosi per inviare esseri umani sulla Luna e oltre. William era ora parte di questi sforzi storici, contribuendo al progresso della conoscenza umana e all'esplorazione dell'ignoto.

Uno dei primi incarichi di William fu quello di servire come pilota di riserva per la missione Gemini 11. Questo ruolo era cruciale, poiché i piloti di riserva dovevano essere pronti a intervenire in un attimo. William si addestrò insieme all'equipaggio principale, apprendendo i dettagli della missione e praticando le procedure di volo. Questa esperienza gli ha fornito preziose informazioni e preparazione per le missioni future.

La dedizione e le prestazioni di William come pilota di riserva non sono passate inosservate. Le sue capacità, conoscenze e lavoro di squadra gli hanno fatto guadagnare il rispetto dei suoi colleghi e superiori. Ha dimostrato di essere pronto per incarichi più impegnativi e per le responsabilità che ne derivavano.

Nel 1968, William Anders fu selezionato come pilota del modulo lunare per la missione Apollo 8. Questa missione fu storica, poiché sarebbe stata la prima volta che gli esseri umani orbitarono attorno alla Luna. La selezione per l'Apollo 8 fu una testimonianza delle capacità di William e della sua preparazione per una delle missioni più audaci nella storia dell'esplorazione spaziale.

Mentre si preparava per l'Apollo 8, William continuò il suo addestramento intensivo. Ha studiato in dettaglio il piano della missione, ha fatto pratica con le procedure di volo e ha lavorato a stretto contatto con i suoi compagni astronauti. La formazione era impegnativa, ma l'impegno e la passione di

William per la missione lo hanno portato a eccellere.

Nel dicembre del 1968 venne lanciata la missione Apollo 8, con a bordo William Anders, Frank Borman e Jim Lovell. La missione fu un successo clamoroso, raggiungendo l'obiettivo di orbitare attorno alla Luna e tornare sani e salvi sulla Terra. Durante la missione, William ha scattato l'iconica fotografia "Earthrise", che è diventata un simbolo della bellezza e della fragilità del nostro pianeta.

Capitolo 7: Missione Gemini 11

Ruolo pilota di riserva

Preparativi per Gemelli 11

Come pilota di riserva per la missione Gemini 11, William Anders ha avuto un ruolo cruciale nel supportare l'equipaggio principale e nella preparazione per la missione. Anche se non partecipò alla missione stessa, il suo contributo fu inestimabile nel garantirne il successo.

I preparativi per la missione Gemini 11 iniziarono molto prima della data di lancio effettiva. William, insieme all'equipaggio principale, è stato sottoposto a un addestramento approfondito per familiarizzare con la navicella spaziale, gli obiettivi della missione e le procedure di volo. Hanno trascorso ore nei simulatori, sperimentando vari scenari e procedure di emergenza.

L'addestramento di William come pilota di riserva è stato completo. Ha studiato in dettaglio il piano della missione, conoscendo gli obiettivi della missione e i compiti specifici assegnati a ciascun membro dell'equipaggio. Si è inoltre formato insieme all'equipaggio principale, sviluppando una profonda comprensione dei loro ruoli e responsabilità.

Oltre alla formazione tecnica, William ha partecipato ad esercizi di forma fisica per assicurarsi che fosse nelle migliori condizioni per la missione. Gli astronauti dovevano essere in ottima salute per resistere alle esigenze fisiche del volo spaziale. William ha seguito un rigoroso regime di esercizi, che includeva allenamenti cardiovascolari, allenamento per la forza ed esercizi di flessibilità.

Con l'avvicinarsi della data di lancio, William e l'equipaggio principale furono sottoposti ai preparativi finali e alle prove. Hanno esaminato la cronologia della missione, praticato le procedure di emergenza e condotto simulazioni per simulare diversi scenari. Questi preparativi sono stati essenziali per garantire che tutti fossero pronti per le sfide del volo spaziale.

Apprendimenti ed esperienze chiave

Mentre prestava servizio come pilota di riserva per la missione Gemini 11, William ha acquisito preziose conoscenze ed esperienze che avrebbero plasmato il suo futuro come astronauta. Uno degli apprendimenti più significativi è stata l'importanza del lavoro di squadra e della collaborazione. Nell'ambiente ad alto rischio dell'esplorazione spaziale, una comunicazione e una cooperazione efficaci erano essenziali per il successo della missione. William ha lavorato a stretto contatto con l'equipaggio principale e con il controllo della missione per garantire che tutti fossero allineati e lavorassero verso obiettivi comuni.

Un altro apprendimento fondamentale è stata l'importanza di una preparazione approfondita e dell'attenzione ai dettagli. Le missioni spaziali erano complesse e impegnative, senza margine di errore. William ha imparato ad affrontare ogni compito con precisione e concentrazione, assicurandosi che tutto fosse svolto correttamente e secondo i piani. Questo approccio meticoloso gli sarebbe stato utile nelle sue future missioni.

Una delle esperienze più memorabili del servizio come pilota di riserva è stata l'opportunità di osservare l'equipaggio principale in azione. William aveva un posto in prima fila per vedere come gestivano le sfide della formazione e della preparazione. Ha osservato le loro capacità di leadership, decisionali e di risoluzione dei problemi, acquisendo preziose informazioni su ciò che serve per essere un astronauta di successo.

Approfondimenti dalla missione

Sebbene William non abbia volato nella missione Gemini 11, ha acquisito preziose informazioni osservando la missione e i suoi risultati. Ha visto in prima persona le sfide e i rischi del volo spaziale, nonché i vantaggi e le opportunità che offriva.

Una delle intuizioni chiave è stata l'importanza dell'adattabilità e della flessibilità nell'esplorazione spaziale. La missione Gemini 11 ha incontrato sfide e ostacoli inaspettati, che hanno richiesto all'equipaggio di pensare con i propri piedi e trovare soluzioni creative. William apprese che la capacità di adattarsi alle mutevoli circostanze era essenziale per il successo nello spazio.

Un'altra intuizione è stata la profonda bellezza e meraviglia dello spazio. Sebbene l'obiettivo principale della missione fosse la ricerca scientifica e la sperimentazione, gli astronauti hanno anche avuto momenti per apprezzare le viste mozzafiato della Terra dallo spazio. William rimase colpito dalla vastità e dalla bellezza del cosmo, una prospettiva che lo avrebbe accompagnato per il resto della sua vita.

Capitolo 8: Missione Apollo 8

Prima orbita lunare

Pianificazione e obiettivi

La missione Apollo 8 fu un momento storico nell'esplorazione spaziale umana. Era la prima volta che gli esseri umani viaggiavano sulla Luna ed entravano nell'orbita lunare. La missione era stata attentamente pianificata e preparata per anni, con l'obiettivo di testare la navicella spaziale e prepararsi per i futuri atterraggi sulla Luna.

L'obiettivo principale della missione Apollo 8 era orbitare attorno alla Luna e raccogliere dati essenziali sulla sua superficie e sull'ambiente. Gli astronauti avrebbero anche testato i sistemi e le procedure della navicella, compreso il modulo lunare, che sarebbe stato successivamente utilizzato per gli sbarchi sulla Luna.

Oltre agli obiettivi scientifici, la missione aveva un significato simbolico. È stata una dimostrazione dell'abilità tecnologica americana e una coraggiosa dichiarazione dell'ambizione umana. Il completamento con successo della missione aprirebbe la strada alla futura esplorazione lunare e affermerebbe gli Stati Uniti come leader nello spazio.

Il volo storico del dicembre 1968

Il 21 dicembre 1968 la missione Apollo 8 venne lanciata dal Kennedy Space Center in

Florida. Gli astronauti William Anders, Frank Borman e Jim Lovell erano a bordo della navicella spaziale, pronti a fare la storia. Il lancio è stata un'occasione importante, seguita da milioni di persone in tutto il mondo.

Il viaggio sulla Luna durò tre giorni, durante i quali gli astronauti percorsero più di 240.000 miglia attraverso lo spazio. È stato un viaggio lungo e impegnativo, ma l'equipaggio è rimasto concentrato e determinato. Sapevano che il successo della missione dipendeva dalle loro capacità e competenze.

Mentre la navicella spaziale si avvicinava alla Luna, la tensione aumentava. L'equipaggio si preparò per il momento critico in cui sarebbero entrati nell'orbita lunare. Tutto doveva andare secondo i piani, perché nell'ambiente spietato dello spazio non c'era spazio per errori.

Finalmente, il 24 dicembre 1968, l'Apollo 8 entrò nell'orbita lunare. È stato un momento storico, che ha segnato la prima volta che gli esseri umani hanno orbitato attorno a un altro corpo celeste. Il risultato ottenuto dall'equipaggio è stato accolto con giubilo e applausi dal controllo della missione e da persone di tutto il mondo.

Anders nel ruolo del pilota del modulo lunare

Durante la missione Apollo 8, William Anders prestò servizio come pilota del modulo lunare. Il suo ruolo era quello di assistere nelle operazioni della navicella spaziale e supportare gli obiettivi della missione. Mentre la navicella spaziale orbita attorno alla Luna, Anders ha contribuito a raccogliere dati e scattare fotografie della superficie lunare.

Uno dei momenti più iconici della missione Apollo 8 fu quando William Anders catturò l'ormai famosa fotografia "Earthrise". L'immagine mostrava la Terra che si innalzava sopra l'orizzonte lunare, uno straordinario ricordo della bellezza e della fragilità del nostro pianeta. La fotografia sarebbe diventata una delle immagini più famose della storia umana, a simboleggiare l'unità e l'interconnessione di tutta la vita sulla Terra.

Capitolo 9: Foto di Earthrise

Catturare la storia

Il momento dell'ispirazione

Durante la missione Apollo 8, mentre orbitava attorno alla Luna il 24 dicembre 1968, l'astronauta William Anders visse un momento che avrebbe cambiato per sempre il modo in cui vediamo il nostro pianeta. Quando la navicella spaziale emerse da dietro la superficie lunare, Anders guardò fuori dalla finestra e vide qualcosa di straordinario: la Terra che si innalzava sopra l'orizzonte lunare.

La vista della Terra, una bellissima sfera blu e bianca contro la completa oscurità dello spazio, ha ispirato Anders a prendere la sua macchina fotografica e catturare il momento. È stato un atto spontaneo, guidato dallo stupore e dalla meraviglia per la vista davanti a lui. Non sapeva che la fotografia che stava per scattare sarebbe diventata una delle immagini più iconiche della storia umana.

L'immagine iconica

La fotografia scattata da Anders, ora conosciuta come la foto "Earthrise", ha catturato l'immaginazione delle persone di tutto il mondo. Mostrava la Terra che faceva capolino da oltre la superficie lunare, una fragile oasi di vita nella vastità dello spazio. L'immagine ha risuonato profondamente nelle persone, ricordando loro la bellezza e la preziosità del nostro pianeta.

La foto "Earthrise" è diventata rapidamente un simbolo di speranza e ispirazione. Ha fornito una nuova prospettiva sul nostro posto nell'universo, evidenziando l'interconnessione di tutta la vita sulla Terra. Per la prima volta le persone potevano vedere il loro pianeta da lontano, come un minuscolo puntino nella vastità dello spazio.

Impatto ed eredità di "Earthrise"

L'impatto della foto "Earthrise" è stato profondo e di vasta portata. Ha suscitato un senso di meraviglia e curiosità nei confronti dell'universo, ispirando innumerevoli persone a saperne di più sullo spazio e sul nostro posto in esso. L'immagine ha avuto un ruolo significativo anche nel movimento ambientalista, ricordando alle persone la fragilità del nostro pianeta e l'importanza di proteggerlo per le generazioni future.

Nel corso degli anni, la foto di "Earthrise" è stata riprodotta innumerevoli volte in libri, riviste e documentari. È stato esposto in musei e gallerie di tutto il mondo, affascinando il pubblico con la sua bellezza e significato. L'immagine continua a ispirare stupore e meraviglia, ricordandoci il potere dell'esplorazione e della scoperta umana.

Capitolo 10: Riflessioni sulla Terra

Rendersi conto della fragilità della Terra

Approfondimenti dallo spazio

Vedere la Terra dallo spazio può essere un'esperienza profonda. Gli astronauti che hanno avuto il privilegio di osservare il nostro pianeta da lontano spesso lo descrivono come un momento di trasformazione. Dallo spazio, la Terra appare come un'oasi fragile e delicata nella vastità del cosmo.

La prospettiva dallo spazio offre una visione unica dell'interconnessione e dell'interdipendenza del nostro pianeta. Gli astronauti possono vedere come tutto sulla Terra sia connesso, dall'aria che respiriamo all'acqua che beviamo, alla terra in cui abitiamo. Acquisiscono un apprezzamento più profondo per il delicato equilibrio della vita sul nostro pianeta e la necessità di proteggerlo e preservarlo per le generazioni future.

Citazioni e riflessioni

Molti astronauti hanno condiviso i loro pensieri e riflessioni sulla visione della Terra dallo spazio. Le loro parole catturano lo stupore e la meraviglia dell'esperienza e il profondo impatto che ha sulla loro prospettiva. Ecco alcune citazioni di astronauti che hanno avuto il privilegio di osservare la Terra dallo spazio:

- "Quando guardiamo la Terra dallo spazio, vediamo questo pianeta straordinario, indescrivibilmente bello. Sembra un organismo vivente e che respira. Ma sembra anche estremamente fragile." - Ron Garan, astronauta della NASA

- "La Terra è un piccolissimo palcoscenico in una vasta arena cosmica. Pensa ai fiumi di sangue versati da tutti quei generali e imperatori affinché, nella gloria e nel trionfo, potessero diventare i padroni momentanei di una frazione di punto." - Carl Sagan, astronomo

- "Il primo giorno o giù di lì, abbiamo tutti indicato i nostri paesi. Il terzo o il quarto giorno, abbiamo indicato i nostri continenti. Al quinto giorno, eravamo consapevoli di una sola Terra." - Sultan bin Salman Al Saud, astronauta dell'Arabia Saudita

Queste citazioni riflettono il profondo impatto di vedere la Terra dallo spazio e la realizzazione della sua fragilità e interconnessione.

Impatto globale dell'immagine

L'immagine della Terra dallo spazio, catturata in fotografie come la foto "Earthrise" scattata da William Anders durante la missione Apollo 8, ha avuto un impatto globale. Ha ispirato stupore e meraviglia nelle persone di tutto il mondo ed è diventato un simbolo della bellezza e della fragilità del nostro pianeta.

La foto "Earthrise", in particolare, è stata riprodotta innumerevoli volte in libri, riviste e documentari. È stato esposto in musei e gallerie di tutto il mondo, affascinando il pubblico con la sua bellezza e significato. L'immagine ha suscitato conversazioni sull'ambiente, sulla sostenibilità e sulla necessità di proteggere il nostro pianeta per le generazioni future.

Capitolo 11: Riconoscimenti e premi

Uomini dell'anno 1968

Onore alla rivista Time

Nel 1968, William Anders, insieme ai suoi compagni astronauti dell'Apollo 8 Frank Borman e Jim Lovell, ricevettero un prestigioso onore dalla rivista Time. Sono stati nominati "Uomini dell'anno" in riconoscimento del loro traguardo storico come primi esseri umani ad orbitare attorno alla Luna.

L'onore assegnato dal Time Magazine è stato un riconoscimento significativo dell'impatto della missione Apollo 8 sulla società e sul mondo. Ha messo in luce il coraggio, la determinazione e lo spirito pionieristico degli astronauti che hanno rischiato la vita per esplorare l'ignoto.

Altri premi e riconoscimenti

Oltre all'onore assegnato dal Time Magazine, William Anders e i suoi compagni astronauti dell'Apollo 8 hanno ricevuto numerosi altri premi e riconoscimenti per la loro storica missione. Erano celebrati come eroi e pionieri, ammirati per il loro coraggio e impegno nell'esplorazione.

La NASA, il governo degli Stati Uniti e varie organizzazioni e istituzioni hanno onorato gli astronauti dell'Apollo 8 con medaglie, encomi e riconoscimenti. I loro nomi sono diventati sinonimo dello spirito di avventura e di scoperta, ispirando le generazioni future a raggiungere le stelle.

Risposta del pubblico e dei media

La risposta del pubblico e dei media alla missione Apollo 8 e al riconoscimento degli astronauti è stata estremamente positiva. Le persone di tutto il mondo sono rimaste affascinate dalla storia di tre uomini in viaggio sulla luna e ritorno, spingendosi oltre i confini dell'esplorazione umana.

Gli astronauti dell'Apollo 8 divennero nomi familiari, i loro volti apparvero sulle copertine delle riviste, sugli schermi televisivi e sui giornali di tutto il mondo.

Erano celebrati come eroi nazionali, simboli dell'ingegno e del successo americano.

Il premio del Time Magazine, in particolare, ha attirato l'attenzione sul significato della missione Apollo 8 e sul suo impatto sulla società. Ha scatenato conversazioni sul futuro dell'esplorazione spaziale e sul ruolo degli astronauti nel plasmare la nostra comprensione dell'universo.

Capitolo 12: Carriera post-NASA

Consiglio Nazionale dell'Aeronautica e dello Spazio

Ruolo di segretario esecutivo

Dopo la sua illustre carriera come astronauta presso la NASA, William Anders ha continuato a dare un contributo significativo al campo dell'esplorazione spaziale nella sua carriera post-NASA. Uno dei suoi ruoli più importanti è stato quello di segretario esecutivo del Consiglio nazionale dell'aeronautica e dello spazio.

In questa veste, Anders ha svolto un ruolo fondamentale nel plasmare la politica e la strategia spaziale nazionale. Ha lavorato a stretto contatto con funzionari governativi, politici e leader del settore per sviluppare e implementare iniziative che facessero avanzare il programma spaziale americano. La sua esperienza e le sue intuizioni erano molto apprezzate ed era considerato un consulente fidato su questioni relative all'esplorazione spaziale.

Contributi e risultati

Durante il suo mandato come segretario esecutivo, William Anders ha dato numerosi contributi significativi al campo dell'esplorazione spaziale. Ha contribuito a coordinare gli sforzi per promuovere la ricerca scientifica e l'innovazione, favorire la collaborazione internazionale ed espandere le capacità di volo spaziale umano.

Anders ha avuto un ruolo determinante nel definire le politiche e le iniziative chiave che hanno guidato il programma spaziale americano nell'era post-NASA. La sua leadership e la sua visione hanno contribuito a garantire che gli Stati Uniti rimanessero in prima linea nell'esplorazione spaziale, guidando il progresso e l'innovazione nel campo.

Uno dei risultati più importanti di Anders durante il suo periodo come Segretario Esecutivo è stato il suo ruolo nello sviluppo del programma Space Shuttle. Ha svolto un ruolo chiave nel sostenere lo sviluppo dello

Space Shuttle come veicolo spaziale riutilizzabile che potrebbe ridurre significativamente il costo dei viaggi spaziali ed espandere l'accesso allo spazio.

Impatto sulla politica e sull'esplorazione spaziale

Il mandato di William Anders come segretario esecutivo ha avuto un impatto duraturo sulla politica spaziale americana e sugli sforzi di esplorazione. La sua leadership e la sua visione hanno contribuito a definire la direzione del programma spaziale nazionale, guidando il progresso e l'innovazione nel settore.

Sotto la guida di Anders, gli Stati Uniti hanno compiuto passi da gigante nel progresso delle capacità di esplorazione spaziale. Il programma Space Shuttle, nel cui sviluppo ha svolto un ruolo chiave, ha rivoluzionato il volo spaziale umano e ha consentito una nuova era di esplorazione e scoperta.

I contributi di Anders alla politica e alla strategia spaziale hanno anche contribuito a promuovere la collaborazione e la cooperazione internazionale nell'esplorazione spaziale. Ha riconosciuto l'importanza di lavorare insieme ad altre nazioni per raggiungere obiettivi comuni e far avanzare la conoscenza scientifica.

Capitolo 13: Commissione di regolamentazione nucleare

Alla guida dell'NRC

Nomina da parte del presidente Gerald Ford

Dopo il suo incarico presso il National Aeronautics and Space Council, William Anders ha assunto un altro ruolo significativo nella sua carriera. È stato nominato dal presidente Gerald Ford come primo presidente della Nuclear Regulatory Commission (NRC).

La nomina è stata una testimonianza dell'esperienza, della leadership e dell'impegno di Anders nel servizio pubblico. In qualità di presidente della NRC, avrebbe supervisionato la regolamentazione dell'energia nucleare e avrebbe garantito la sicurezza e la protezione degli impianti nucleari negli Stati Uniti.

Focus sulla sicurezza nucleare

Uno degli obiettivi principali della leadership di William Anders all'NRC era la sicurezza nucleare. Ha riconosciuto l'importanza di garantire che gli impianti nucleari funzionino in modo sicuro e protetto per proteggere il pubblico e l'ambiente dai rischi associati all'energia nucleare.

Sotto la guida di Anders, la NRC ha implementato rigorose norme e protocolli di sicurezza per governare il funzionamento degli impianti nucleari. Queste normative coprivano una vasta gamma di settori, tra cui la sicurezza dei reattori, la protezione dalle radiazioni, la preparazione alle emergenze e la gestione dei rifiuti nucleari.

Anders ha anche dato priorità alla trasparenza e alla responsabilità nella regolamentazione dell'energia nucleare. Credeva che la comunicazione aperta e il coinvolgimento con le parti interessate fossero essenziali per costruire la fiducia del pubblico nella sicurezza dell'energia nucleare.

Risultati e sfide

Durante il suo mandato come presidente della NRC, William Anders ha raggiunto traguardi significativi nella regolamentazione dell'energia nucleare. Sotto la sua guida, l'NRC ha rafforzato la supervisione degli impianti nucleari, ha condotto approfondite ispezioni di sicurezza e ha implementato nuove normative per affrontare i rischi e le sfide emergenti.

Uno dei risultati più significativi di Anders è stata l'istituzione dell'approccio di "difesa in profondità" alla sicurezza nucleare. Questo approccio ha enfatizzato molteplici livelli di difesa per proteggersi dagli incidenti e mitigarne le conseguenze, garantendo un quadro di sicurezza solido e resiliente per gli impianti nucleari.

Tuttavia, Anders ha dovuto affrontare anche delle sfide durante la sua permanenza all'NRC. L'industria nucleare era in rapida evoluzione, con l'emergere di nuove tecnologie e pratiche che ponevano nuove preoccupazioni in materia di sicurezza. Anders e l'NRC hanno dovuto adattarsi rapidamente per affrontare queste sfide e garantire che gli impianti nucleari rimanessero sicuri e protetti.

Capitolo 14: Anni successivi e vita personale

Famiglia e interessi personali

Matrimonio con Valeria

Nei suoi ultimi anni, William Anders trovò appagamento e felicità nella sua vita personale, in particolare attraverso il matrimonio con Valerie. Valerie è stata una fonte di amore, sostegno e compagnia per Anders e la loro collaborazione è stata una pietra miliare della sua vita.

Allevare due figlie e quattro figli

Insieme, William e Valerie Anders hanno allevato una famiglia amorevole composta da due figlie e quattro figli. La famiglia era al centro della vita di Anders ed era orgoglioso e felice di vedere i suoi figli crescere e avere successo. Ha instillato in loro i valori di integrità, curiosità e resilienza, dando loro un esempio da seguire.

Hobby e passioni

Al di fuori dei suoi impegni professionali, William Anders aveva una varietà di hobby e passioni che gli davano gioia e soddisfazione. Amava la vita all'aria aperta e gli piaceva trascorrere il tempo nella natura, sia che si trattasse di escursioni in montagna o di navigare in mare aperto.

Anders aveva anche una passione per la fotografia, ispirata dalle sue esperienze come astronauta che catturava immagini mozzafiato della Terra dallo spazio. Gli piaceva catturare la bellezza del mondo naturale attraverso il suo obiettivo, trovando bellezza e ispirazione nel mondo che lo circondava.

Capitolo 15: Volo finale

L'incidente aereo

Dettagli dell'incidente

In una tragica svolta degli eventi, William Anders trovò la morte in un incidente aereo che scosse la sua famiglia e il mondo. I dettagli dell'incidente hanno rivelato la triste realtà dei pericoli che possono accompagnare anche i piloti più esperti.

L'aereo, un modello più vecchio, stava sorvolando le isole San Juan nello stato di Washington quando ha avuto problemi. I rapporti indicano che l'aereo è precipitato al largo della costa di Jones Island, con testimoni che hanno osservato la sua discesa in acqua. La causa dell'incidente è rimasta oggetto di indagine, lasciando i propri cari e le autorità alla ricerca di risposte all'indomani della tragedia.

Sforzi di salvataggio e recupero

In seguito all'incidente aereo è stato lanciato uno sforzo coordinato per salvare e recuperare le persone coinvolte. Diverse agenzie, inclusa la Guardia costiera degli Stati Uniti, furono mobilitate per cercare i sopravvissuti e recuperare i rottami.

Nonostante la rapida risposta e gli sforzi delle squadre di soccorso, il risultato è stato devastante. Il corpo del pilota, successivamente confermato essere quello di William Anders, è stato recuperato dall'acqua da una squadra di sub dopo una lunga ricerca. La perdita di un amato astronauta e di un membro della sua famiglia ha provocato un'onda d'urto nella comunità e si è riverberata in tutto il mondo.

Riflessioni e tributi della famiglia

Per la famiglia di William Anders la perdita è stata profonda e straziante. Gregory Anders, il figlio di William, ha condiviso la devastazione e il dolore della famiglia all'indomani della tragedia. Ha riflettuto sull'eredità di suo padre come grande pilota e caro membro della famiglia, sottolineando il profondo impatto della sua perdita su coloro che lo conoscevano e lo amavano.

Tributi sono arrivati da tutto il mondo mentre le persone piangevano la scomparsa di un pioniere dell'esplorazione spaziale. L'amministratore della NASA Bill Nelson ha onorato il contributo di William Anders all'umanità, descrivendolo come "uno dei doni più profondi che un astronauta possa fare". Le parole di Nelson riecheggiavano il sentimento condiviso da molti che ammiravano e rispettavano Anders per il suo coraggio, visione e dedizione all'esplorazione.

Mentre il mondo piangeva la perdita di William Anders, la sua famiglia trovava conforto nei ricordi e nell'eredità che aveva lasciato. Lo ricordavano non solo come un astronauta pioniere e leader, ma anche come un marito, padre e amico amorevole.

Il suo spirito di avventura ed esplorazione sarebbe sopravvissuto nei cuori e nelle menti di coloro che erano stati ispirati dalla sua straordinaria vita.

Nell'ultimo volo di William Anders, il mondo ha perso un vero eroe e pioniere dell'esplorazione spaziale. La sua eredità sarebbe durata, servendo a ricordare lo sconfinato spirito umano e la continua ricerca di esplorare l'ignoto.

Conclusione

Eredità di William Anders

Mentre riflettiamo sulla vita e sull'eredità di William Anders, ci viene ricordato il profondo impatto che ha avuto sull'esplorazione dello spazio e sull'umanità nel suo insieme. Il suo viaggio da astronauta a funzionario pubblico ha lasciato un segno indelebile nel mondo, modellando la nostra comprensione dell'universo e ispirando le generazioni future a raggiungere le stelle.

Impatto duraturo sull'esplorazione spaziale

Il contributo di William Anders all'esplorazione spaziale non ha eguali. Come membro della missione Apollo 8, ha contribuito a spianare la strada ai primi passi dell'umanità oltre l'orbita terrestre, dimostrando che l'impossibile era davvero possibile. La sua iconica fotografia "Earthrise" ha catturato la bellezza e la fragilità del nostro pianeta, ricordandoci l'importanza di amare e proteggere la nostra casa nel cosmo.

Ricordando i suoi contributi

Nel corso della sua carriera, William Anders ha incarnato lo spirito di esplorazione e scoperta. Dai suoi primi giorni come pilota di caccia fino ai suoi ruoli di leadership presso la NASA e la Nuclear Regulatory Commission, ha dimostrato coraggio, integrità e visione in tutto ciò che ha fatto. La sua eredità sopravvive nei cuori e nelle menti di coloro che sono stati ispirati dai suoi straordinari successi.

Lezioni per le generazioni future

La vita di William Anders ci insegna lezioni preziose sul potere della perseveranza, sull'importanza dell'esplorazione e sulla necessità di proteggere il nostro pianeta per le generazioni future. Il suo esempio ci ricorda che siamo capaci di raggiungere la grandezza quando osiamo sognare e oltrepassare i limiti di ciò che è possibile.

Mentre guardiamo al futuro, onoriamo l'eredità di William Anders continuando a esplorare il cosmo, proteggendo il nostro pianeta e ispirando la prossima generazione di esploratori. Possa il suo spirito di avventura e curiosità guidarci mentre viaggiamo verso l'ignoto, cercando risposte ai misteri dell'universo e forgiando un futuro più luminoso per tutta l'umanità.